Iván Manrrique Hughes et al.

BioRestauración Sostenible

Iván Manrrique Hughes et al.

BioRestauración Sostenible

Innovaciones en la industria del hormigón

Editorial Académica Española

Imprint

Any brand names and product names mentioned in this book are subject to trademark, brand or patent protection and are trademarks or registered trademarks of their respective holders. The use of brand names, product names, common names, trade names, product descriptions etc. even without a particular marking in this work is in no way to be construed to mean that such names may be regarded as unrestricted in respect of trademark and brand protection legislation and could thus be used by anyone.

Cover image: www.ingimage.com

Publisher:
Editorial Académica Española
is a trademark of
Dodo Books Indian Ocean Ltd. and OmniScriptum S.R.L publishing group

120 High Road, East Finchley, London, N2 9ED, United Kingdom
Str. Armeneasca 28/1, office 1, Chisinau MD-2012, Republic of Moldova, Europe
Printed at: see last page
ISBN: 978-3-639-53634-8

BioRestauración Sostenible

1

Innovaciones en la industria del hormigón

Iván Manrrique Hughes, Manuela Maldonado Torales, Karina Fernanda Crespo Andrada

Anabela Guilarducci, María. Gabriela Paraje (Editoras)

ÍNDICE

Resumen

El estudio del cambio climático ha destacado la necesidad de mitigar las emisiones de gases de efecto invernadero, especialmente en industrias como la cementera y hormigonera, responsable del 7% de las emisiones totales generadas por el ser humano. La búsqueda de alternativas sostenibles ha llevado a explorar la biomineralización y el uso de microorganismos no patógenos como "agentes biorestauradores" en estructuras de hormigón. Este proceso, en el que los microorganismos sintetizan minerales, se clasifica en mineralización inducida, controlada e influenciada biológicamente. Un enfoque multidisciplinario es crucial para superar los desafíos y avanzar en la conservación sostenible.

Palabras claves:

- Cambio climático

- Gases de efecto invernadero

- Industria cementera

- Hormigón

- Biomineralización

- Microorganismos no patógenos

- Sostenibilidad

- Conservación

- Innovación tecnológica

Capítulo 1

La problemática de la emisión de gases de efecto invernadero

El estudio del cambio climático es un proceso continuo que ha evolucionado a lo largo de los últimos siglos marcado por importantes descubrimientos y avances en el entendimiento del mismo. Desde los primeros indicios de la relación entre las temperaturas del planeta y la atmósfera, hasta los complejos modelos de predicción climática que existen actualmente, la investigación ha tenido un rol fundamental en el desarrollo del conocimiento.

Uno de los descubrimientos iniciales que dio inicio a estos estudios fue producto del trabajo del matemático y físico francés Joseph Fourier quién en 1824 publicó "Remarques générales sur les Températures du Globe terrestre et des espaces planétaires" (Fleming, 1999). En el mismo se realizó una de las primeras definiciones del efecto invernadero, el cual consiste en la retención atmosférica del calor del sol lo que lleva a un aumento de la temperatura en determinados lugares. En 1861 John Tyndall presentó su investigación "On the Absorption and Radiation of Heat by Gases and Vapours, and on the Physical Connexion of Radiation, Absorption, and Conduction" donde se demostraba experimentalmente como ciertos gases, tales como el dióxido de carbono (CO_2) y el vapor de agua, podían absorber y emitir radiación térmica lo que llevó a profundizar el fenómeno explicado por Fourier (Gentry, 1997). En 1896, Svante Arrhenius publicó su trabajo "On the Influence of Carbonic Acid in the Air upon the Temperature of the Ground", donde encontró que la variación en la concentración de CO_2 atmosférico podría causar grandes cambios climáticos en el sistema global (Anderson et al, 2016).

Durante el siglo XX se empezó a estudiar cuál era la relación que había entre la evolución climática con la vida humana y un ejemplo de ello es el trabajo conocido como "The artificial production of carbon dioxide and it's influence on temperature" del Ingeniero Guy Stewart Callendar en el año 1938, donde se empezaba a poner el foco en los efectos de la actividad antrópica en los sistemas atmosféricos para que luego, Charles David Keeling, en 1961, desarrollara "La curva de Keeling" que es una muestra fehaciente del aumento constante de CO_2 debido a la actividad humana (Anderson et al, 2016).

En el año 1988, inició su trabajo el Panel Intergubernamental sobre Cambio Climático (IPCC) el cual nació a partir de dos organismos de las Naciones Unidas, la Organización Meteorológica Mundial (OMM) y el Programa de las Naciones Unidas para el Medio Ambiente (PNUMA). El IPCC tiene como objetivo generar conocimiento basado en la evidencia científica para poder dar información de calidad a los tomadores de decisiones y su trabajo se condensa anualmente en sus "Assessment Reports" donde se detalla situación actual y sus predicciones a futuro (Agrawala, 1998).

Actualmente, se define al cambio climático como un fenómeno complejo que sucede producto de la emisión de gases de efecto invernadero a la atmósfera, principalmente a través de actividades humanas como la quema de combustibles fósiles, la deforestación, la agricultura, la industrialización, entre otros siendo el CO_2, el metano (CH_4) y el óxido nitroso (N_2O) los gases que más repercuten, ya que poseen propiedades de absorción de radiación infrarroja de onda larga emitida por el planeta Tierra, lo que resulta en la retención de calor dentro de la atmósfera, ejerciendo un efecto similar al de una capa aislante que limita la pérdida de calor hacia el espacio exterior (Yoro, 2020). Además, el calentamiento global desencadena procesos de retroalimentación que llevan a qué, por ejemplo, se desarrolle el derretimiento del *permafrost* lo cual libera grandes cantidades de CH_4, que tiene un efecto mucho más potente que el CO_2. La liberación de CH_4, procedente del deshielo del *permafrost* en regiones como Siberia y Alaska, representa una amenaza significativa para la estabilidad climática global (Schuur et al., 2015). El CH_4 es un gas de efecto invernadero, entre 28 y 34 veces más efectivo para atrapar calor que el CO_2 en un período de 100 años. En los últimos registros climáticos, se observó como las temperaturas superaron los 3 °C en los últimos 40 años, llevando al deshielo de vastas extensiones de *permafrost* que han permanecido congeladas durante milenios. (IPCC, 2021).

Capítulo 2

Aspectos ambientales relacionados con el hormigón

El aumento creciente de la demanda de infraestructura y vivienda en los grandes centros urbanos permite suponer que estas cantidades de hormigón elaborado se proyectan de manera ascendente. A modo de ejemplo se puede mencionar una previsión que indica para fines de 2050 una producción global de hormigón de 18 mil millones de toneladas (Wang et al., 2017).

Este consumo masivo de materiales como el hormigón, presenta como principal problema el impacto ambiental. La industria del hormigón consume una gran cantidad de materiales naturales, recursos, energía e incluso capital; genera grandes cantidades de emisiones gaseosas y de residuos provenientes de la reparación y demolición de estructuras cuando no se gestionan adecuadamente, lo que conlleva importantes costos sociales y cargas medioambientales. En este sentido se debe destacar que aproximadamente el 11% de los gases de efecto invernadero provienen de esta industria y que más del 5% del dióxido de carbono ($CO_{2(g)}$) antropogénico global generado anualmente le corresponde a la producción de Hormigón (Van Belleghem et al., 2017; Córdoba et al., 2023).

De todos los procesos asociados a la producción del hormigón, la fabricación de cemento Portland tiene el impacto ambiental dominante (especialmente en lo referente a las emisiones de $CO_{2(g)}$). Se estima que el consumo de energía en la producción de 1 t de cemento es de 3,1 a 5 GJ y que genera entre 0,73 y 0,99 t de emisiones de $CO_{2(g)}$ debido a la descomposición de la piedra caliza durante la producción y a las altas temperaturas necesarias en el horno (cercanas a 1450ºC). De esta forma, la industria del cemento representa aproximadamente el 10% de las emisiones

7

antropógenas actuales de $CO_{2(g)}$ y el 12 a 15% de la energía industrial total. (Wang et al., 2017; Li et al., 2019)

Se reconoce entonces que la industria de la construcción es responsable de impactos ambientales de gran significancia, por lo que es importante que se exploren alternativas para reducir estos efectos. Para el sector del cemento, esto incluye la producción más limpia, el reciclaje y los cementos de menor impacto (Wang et al., 2017. En este contexto, el reemplazo parcial de clinker de cemento Portland por adiciones minerales, es una estrategia para reducir el impacto ambiental de la industria de la construcción. Esta estrategia tiene las ventajas de reducir el consumo de energía y aumentar la producción sin necesidad de nuevos hornos (Scrivener et al.; 2018).

Capítulo 3

Industria cementicia: descripción del proceso, consumo energético y su implicancia en el calentamiento global

Durante el siglo XXI los efectos del cambio climático se han vuelto más severos teniendo un gran impacto tanto en el ambiente como en su relación con la sociedad (IPCC, 2019). Esto llevó a que aumente la necesidad de reducir y mitigar las emisiones de GEI teniendo en cuenta las consecuencias negativas que esto implica en la vida sobre la tierra. La Agencia de Protección Ambiental (EPA) indicó que durante el año 2021 el sector industrial estuvo a cargo de más del 20% de las emisiones totales de GEI y discretizando sólo para la industria cementicia se encuentra que debido a su alto consumo de energía la misma es responsable del 7% de dichas emisiones. Tomando como referencia el año 2018, se obtiene que un aproximado de 1.50 Gt CO_2eq fueron debido a la industria del cemento en su contribución a los procesos de producción de hormigón (Andrew, 2019).

Cada etapa del proceso de producción de cemento contribuye al calentamiento global tanto de manera directa como indirecta (Tayebani et al, 2023). Es por esto que resulta necesario realizar una muestra general del proceso industrial llevado a cabo para la obtención de este material. Las plantas productoras de cemento suelen situarse estratégicamente cerca de canteras que ofrecen una abundancia de rocas caliza y arcillas, materias primas esenciales para el proceso de producción. Esta selección de ubicación resulta crítica, ya que conlleva una significativa reducción en los costos de transporte al minimizar las distancias de traslado de los materiales hacia la planta de producción. Tal reducción no solo tiene un impacto directo en los gastos operativos, sino que también contribuye a la mitigación de la huella de carbono relacionada con el transporte de grandes volúmenes de materiales.

Además, la proximidad a las fuentes de materias primas asegura un suministro estable y confiable, factor determinante para la continuidad y seguridad de la cadena de suministro. También, es fundamental considerar las regulaciones locales y someterse a la Evaluación de Impacto Ambiental, conforme lo dispuesto por la autoridad competente, para garantizar el cumplimiento de los estándares ambientales y la viabilidad del lugar elegido para el desarrollo de este tipo de industria.

La extracción de estos materiales se lleva a cabo mediante técnicas mineras que varían según las características geológicas y topográficas del yacimiento en cuestión. Algunas técnicas utilizadas en este paso pueden ser la minería a cielo abierto, que es comúnmente utilizada en yacimientos de piedra caliza, así como la minería subterránea, que puede ser necesaria en zonas donde la caliza se encuentre a mayor profundidad (Tayebani et al, 2023). Algunas maquinarias utilizadas en esta fase suelen ser excavadoras, volquetes y perforadoras para remover el material y transportarlo a las instalaciones de procesamiento. En caso de que la cantera y la planta se encuentren colindantes, suele instalarse una cinta transportadora para movilizar el material y en caso de encontrarse un poco más lejos se puede optar por el transporte por camión (Griffiths et al, 2023). Una vez que la materia prima es transportada a la planta de producción, se somete a un proceso de trituración primaria, donde su tamaño se reduce generalmente mediante trituradoras giratorias. Esto permite una mayor eficiencia para el siguiente paso, conocido como molienda, donde el material triturado es ingresado a molinos de bolas o de rodillos para realizar la molienda fina. Este proceso homogeneiza la mezcla y aumenta la superficie específica de la materia prima para facilitar las reacciones químicas que se llevarán a cabo por los procesos térmicos del siguiente paso (Mohamad et al, 2022).

Uno de los pasos fundamentales para la obtención del cemento es la utilización de hornos rotatorios donde es ingresada la materia prima con el tratamiento mencionado anteriormente. La mezcla se introduce en un horno de forma cilíndrica que se encuentra inclinado y que rota lentamente sobre su eje longitudinal. El ingreso se realiza por la parte superior. Dentro del horno, que llega a estar a temperaturas de alrededor de 1450 °C, se produce el proceso de clinkerización. Este proceso consiste en una serie de reacciones químicas entre los componentes de la materia prima que conducen a la formación de nuevos compuestos, como silicatos, aluminatos y ferritos de calcio, que son responsables del fraguado del cemento (Bojanovský et al, 2022). Los procesos químicos involucrados en esta etapa son los siguientes:

Descarbonatación:

El carbonato de calcio ($CaCO_3$) presente en la piedra caliza se descompone térmicamente a altas temperaturas, liberando CO_2 y dejando óxido de calcio (CaO) como producto:

$$CaCO_3 \rightarrow CaO + CO_2$$

Reacciones de Formación de Silicatos y Aluminatos:

El CaO, la sílice (SiO_2), la alúmina (Al_2O_3) y el óxido de hierro (Fe_2O_3) reaccionan para formar silicatos y aluminatos de calcio y otros compuestos. Estas reacciones son complejas y pueden ocurrir en varias etapas, pero en general, implican la combinación de estos componentes para formar diferentes fases cristalinas, como:

Silicatos tricalcicos (C_3S):

$3\ CaO.SiO_2$

Silicatos bicálcicos (C_2S):

$2\ CaO.SiO_2$

Aluminatos tricálcicos (C_3A):

$Al_2O_3.\ 3\ CaO$

Ferritos tetracálcicos (C_4AF):

$Al2O_3 \cdot 4\ CaO \cdot Fe_2 2O_3$

La composición del clinker en el cemento es un aspecto fundamental en la industria de la construcción, donde los aluminatos y silicatos definen las propiedades y rendimiento del material. El C_3A es conocido por su rápida velocidad de hidratación y alto calor liberado durante el proceso haciéndolo responsable del fraguado inicial de la pasta cementicia. Pero también hay que tener en cuenta su vulnerabilidad al ataque por sulfatos puede comprometer la durabilidad de las estructuras de base cementicia. En cuanto el C_4AF presenta una alta estabilidad química y su presencia en la composición del clinker depende de la proporción de óxidos de aluminio y hierro, aunque su contribución al desarrollo de resistencia es menor con respecto a los silicatos (Sun et al, 2023).

En cuanto a los silicatos, el C_3S posee una gran actividad hidráulica y elevada velocidad de reacción, confiriendo resistencia a corto y largo plazo y afectando el inicio del fraguado. Por otro lado, el C_2S tiene una hidratación más lenta y es el componente principal de los cementos de endurecimiento lento, contribuyendo significativamente a la resistencia y durabilidad a largo plazo (Laanaiya et al, 2019).

<u>Reacciones de Reducción y Oxidación:</u>

Además de las reacciones de formación de compuestos, pueden ocurrir reacciones de reducción y oxidación que influyen en la composición y las propiedades del clinker.

Reacciones de Reducción:

$$Fe_2O_3 + 3\ CO \rightarrow 2\ Fe + 3\ CO_2$$

Reacciones de Oxidación:

$$C + O_2 \rightarrow CO_2$$

El clinker resultante es una masa sólida de gránulos de color grisáceo que se enfría rápidamente en un enfriador rotatorio para evitar la formación de fases no deseadas (Griffiths et al, 2023). Estas fases abarcan diversas problemáticas, como las fases de sobrecalentamiento, que se manifiestan cuando la temperatura en el horno es excesivamente elevada o cuando el tiempo de residencia del material es prolongado, lo que puede resultar en la aglomeración del clinker o la formación de cristales no deseados. Asimismo, las fases incompletas de reacción representan un desafío, ya que, si las condiciones de clinkerización no son las adecuadas, algunas reacciones químicas pueden quedar sin completar, dando lugar a la presencia de fases no reactivas o parcialmente formadas en el clinker, lo que afecta su resistencia y durabilidad. Otro proceso perjudicial puede ser una contaminación en la mezcla, generando fases no deseadas, donde impurezas en la materia prima o la introducción de contaminantes pueden comprometer la calidad del clinker y del cemento. Además, las fases de cristalización incorrecta, generadas por un enfriamiento inadecuado del clinker, pueden ocasionar una microestructura no deseada y afectar negativamente sus propiedades mecánicas y químicas. Por lo tanto, es esencial monitorear de manera constante las condiciones de clinkerización para minimizar la formación de estas fases no deseadas, asegurando así la calidad y consistencia del clinker y del cemento final (Bisulandu & Huchet, 2023).

Finalmente, el clínker enfriado se almacena en silos antes de ser molido, proceso al cual se añade una pequeña cantidad de yeso ($CaSO_4$) para regular el tiempo de fraguado del producto final conocido como cemento. La proporción del agregado oscila entre el 3% y 5% de acuerdo al producto final que se busque lograr. Este proceso repite la utilización de molinos de bolas o de rodillos. Esto será envasado en bolsas o transportados a granel para su distribución la cual será según la necesidad del consumidor (Tayebani et al, 2023).

El consumo específico de energía en la producción de cemento varía de una tecnología a otra. El proceso en seco utiliza más energía eléctrica pero mucha menos energía térmica que el proceso en húmedo. En países industrializados, el consumo de energía primaria en una planta de cemento típica es de hasta un 75% de combustible fósil y hasta un 25% de energía eléctrica utilizando un proceso en seco. El procesamiento pirolítico consume la mayor parte de la energía térmica utilizada, lo que equivale aproximadamente al 91,6% del consumo total de combustible involucrado en esta fase. Sin embargo, la energía eléctrica se utiliza principalmente para operar tanto el equipo de trituración y molienda de materias primas 33% como el de clinker 38%. Como consecuencia, se liberan cantidades significativas de

GEI a la atmósfera debido a la quema de combustibles fósiles para suministrar la energía necesaria para las industrias cementeras. El consumo térmico específico de energía en las industrias del cemento se encuentra en torno a 4 y 5 GJ/tonelada de suministro de combustible para mantener el proceso pirolítico (Madlool et al, 2011).

Al revisar el consumo energético total respecto a cada etapa, se observa que el 1,4% corresponde a la extracción de materiales en canteras, el 2,8% está relacionado con los procesos de trituración y molienda, un 91,6% se atribuye al uso del horno pirolítico, el 3,2% se destina al proceso de molienda del clinker, y el 1% restante se emplea en el almacenamiento y la distribución del producto final. Esta distribución resalta la significativa demanda energética asociada principalmente al funcionamiento del horno pirolítico, subrayando la importancia de mejorar la eficiencia en este aspecto para lograr una mayor sostenibilidad en la producción de cemento (Afkhami et al, 2015).

Las empresas productoras de cementos están realizando esfuerzos para hacer sus producciones más sustentables gracias a los beneficios económicos, ambientales y sociales que ello apareja. Sin embargo, a menudo, la implementación de estas modificaciones implica un gran gasto para los productores, lo que lleva a que sean desestimadas debido a su baja rentabilidad. A pesar de esto, se han desarrollado algunas alternativas viables como la utilización de combustibles alternativos en el proceso de fabricación (Kahawalage et al, 2023) También, una de las soluciones ha sido el reemplazo del clinker por otras formulaciones para dar lugar al producto buscado. Estos materiales tienen que poseer propiedades puzolánicas (materiales silíceos o alumino-silíceos) o hidráulicas latentes (Gartner & Sui, 2017). La utilización de estos materiales contribuye a las propiedades mecánicas del cemento y reaccionan con el hidróxido de calcio ($Ca(OH)_2$) liberado durante la hidratación para formar compuestos cementicios adicionales. Esta funcionalidad dual mejora la resistencia y durabilidad del hormigón, uno de los principales materiales que emplea cemento en su composición.

Capítulo 4

Hormigón como producto principal de base cementicia: problemas estructurales y desafíos a solucionar

El crecimiento de la población mundial y el desarrollo de nuevas infraestructuras relacionadas con la industria de la construcción generarán una mayor demanda de cemento. Por lo tanto, es crucial buscar un mercado más sostenible y desarrollar nuevas soluciones para abordar los desafíos del sector.

El hormigón es uno de los productos de construcción basados en cemento más utilizados debido a su accesibilidad, asequibilidad y propiedades mecánicas, térmicas y de aislamiento superiores a otros materiales como el acero y la madera. (Sohail et al., 2018).

En comparación al acero, el hormigón tiene la posibilidad de ser producido localmente ya que sus insumos suelen encontrarse ampliamente en muchos lugares y esto lo ha consolidado como el material más utilizado en el mundo después del agua siendo su magnitud de producción de aproximadamente 10 mil millones de toneladas por año en todo el mundo. El hormigón, compuesto principalmente por cemento, agregados (como grava y arena) y agua, es uno de los materiales de construcción más versátiles y utilizados en el mundo. Una de las características clave del hormigón es su tiempo de fraguado, que marca el comienzo del endurecimiento y la adquisición de resistencia del material. El fraguado del hormigón es un proceso químico complejo que ocurre cuando el agua se combina con el cemento, desencadenando reacciones de hidratación que forman enlaces químicos y estructuras cristalinas. A medida que estas reacciones progresan, el hormigón pasa de un estado plástico a uno sólido, lo que permite su manipulación y moldeado durante el proceso de construcción. El tiempo de fraguado varía según la composición del hormigón, las condiciones ambientales y otros factores, y es crucial para determinar el tiempo disponible para el transporte, el vertido, el moldeado y el acabado del hormigón antes de que comience a endurecerse (Amran et al, 2021)

Este es el material de construcción más elegido por ser versátil y ofrecer una variedad de formulaciones adaptadas a diferentes necesidades y condiciones. En primer lugar, el hormigón convencional, compuesto por cemento, agregados y agua, es ampliamente utilizado en diversas aplicaciones constructivas. Por otro lado, el hormigón de alta resistencia se caracteriza por una mayor compresión, ideal para estructuras que requieren una fuerza adicional, como puentes y edificios altos. Además, el hormigón de baja permeabilidad, con su capacidad reducida de absorber agua, resulta adecuado para entornos húmedos o corrosivos, como túneles y piscinas. El hormigón autocompactante, que fluye y llena los moldes sin necesidad de vibración, es ideal para lograr acabados suaves y uniformes, especialmente en elementos arquitectónicos. Por otro lado, el hormigón reforzado con fibras mejora la resistencia a la tracción y la durabilidad, siendo ideal para pavimentos industriales y estructuras de contención. Finalmente, el hormigón ligero, con una densidad reducida gracias a agregados ligeros, es una opción para elementos con cargas estructurales reducidas, como techos y elementos prefabricados. Cada tipo de hormigón presenta características específicas que lo hacen adecuado para diferentes aplicaciones constructivas, proporcionando soluciones versátiles y eficientes para diversas necesidades en la industria de la construcción (Sohail et al, 2018).

El hormigón es característico por su resistencia a la compresión, pero débil ante la tracción. Debido a esto, es propenso a agrietarse afectando la resistencia general de la estructura y su vida útil. Las mismas pueden formarse tanto internamente como externamente ya sea por contracción plástica, tensiones térmicas, asentamiento por secado, meteorización, etc. El problema con el agrietado de una estructura recae en que va disminuyendo su capacidad para absorber tracciones ampliándose las mismas con el tiempo. Una vez acentuadas las mismas tanto líquidos como gases pueden ingresar sustancias agresivas dentro de la matriz del hormigón produciendo una reducción de la resistencia mecánica llevando al mismo a un posible colapso. Las reparaciones de grietas en los materiales pueden ser costosas y pueden darse en lugares difíciles de inspeccionar y alcanzar (Triantafyllou et al, 2017).

Las fisuras en el hormigón, tanto superficiales como internas, representan un desafío significativo en la ingeniería debido a sus potenciales consecuencias en términos de durabilidad, resistencia y seguridad de las estructuras. Según un informe de la Administración Federal de Carreteras, los Estados Unidos destina anualmente 4 mil millones de dólares en costos directos de mantenimiento de puentes de carreteras de hormigón. De acuerdo con De Rooij y Van Tittelboom, el Reino Unido invierte el 45% de su costo anual de construcción al mantenimiento de estructuras de hormigón existentes (de Rooij et al., 2013; Zhang et al., 2020).

Cuando hablamos de fisuras superficiales, sus motivos más comunes pueden ser la fisuración por contracción, un fenómeno que ocurre durante el proceso de fraguado y curado del hormigón cuando el agua presente en la mezcla se evapora, provocando la contracción del material. Esta contracción puede generar fisuras superficiales, especialmente si no es uniforme o está restringida por armaduras u otras estructuras adyacentes (Kayondo et al, 2019). Otro motivo refiere a sobrecargas o impactos externos, como el tráfico vehicular pesado, la caída de objetos pesados o las fuerzas sísmicas ya que estas pueden superar la capacidad de carga de diseño del hormigón (Meng et al, 2019). También, existe la posibilidad de que se generen fisuras a partir de los ciclos de congelación y deshielo ya que el agua presente en los poros del material puede expandirse y contraerse reiteradamente generando así fisuras por presión (Wang et al, 2022).

En cuanto a las fisuras internas se puede hablar de fisuración por contracción interna el cual es un fenómeno que ocurre durante el fraguado y el curado del hormigón y puede resultar en grietas microscópicas que, aunque inicialmente sean imperceptibles, con el tiempo pueden propagarse debido a las cargas aplicadas o a los movimientos estructurales. Otro motivo puede ser el causado por reacciones álcal-agregado (RAA), donde ciertos agregados reaccionan con los álcalis presentes en el cemento, formando geles expansivos que pueden provocar fisuras internas en el material. Finalmente, también es posible cuando por deficiencias de diseño en la construcción de la estructura se da lugar a concentraciones de tensiones internas que eventualmente se manifiestan como fisuras en el hormigón (Askar et al, 2023).

Capítulo 5

Búsquedas innovadoras y sostenibles para la industria de la construcción: mineralización de carbonato de calcio inducida biológicamente como alternativa

Los métodos tradicionales para solucionar este problema suelen plantear importantes preocupaciones ya que implican el uso de materiales sintéticos y productos químicos que pueden causar daños ambientales. Por ejemplo, el uso de epoxys y otros selladores químicos pueden liberar compuestos orgánicos volátiles (COV) que contribuyen a la contaminación del aire y pueden ser perjudiciales para la salud humana, animal y ambiental. Otro problema es que algunos métodos de reparación pueden requerir la extracción y reemplazo de secciones enteras de hormigón, lo que genera grandes cantidades de residuos y consume una cantidad significativa de energía y materia prima (Alemu et al, 2022).

Actualmente, en búsqueda de lograr la sostenibilidad en la industria de la construcción, se encuentran en estudio diversas estrategias: usar menor cantidad de cemento o buscar sustitutos, adoptar técnicas de captura de carbono, utilizar materiales reciclados, explorar la nanotecnología e incorporar la biotecnología (Ahmed et al, 2021). Estas prácticas no solo se alinean con los objetivos ambientales de UNA SALUD, sino que también responden a la creciente demanda de soluciones responsables y eficientes en cuanto a recursos, por lo que investigadores de las distintas áreas reconocen su importancia por los beneficios económicos que brindan, la reducción de los impactos ambientales a largo plazo y su contribución a un entorno construido de manera más sostenible. (Adnyana et al., 2023).

El proceso conocido como biomineralización es la síntesis de determinados minerales (más de sesenta biominerales diferentes) con funciones muy específica tanto en animales, como los capaces de formar un mayor número de biominerales diferentes, seguidos por las bacterias, las plantas vasculares y, finalmente, los hongos y los protozoos siendo el calcio el catión mayoritario, seguido por el hierro y según el anión, son los fosfatos, seguidos de óxidos y carbonatos. En términos generales, los polimorfos de $CaCO_3$, cómo la aragonita y la calcita, se encuentran ampliamente distribuidos en casi todos los Phyla. En contraste, los haluros son raros y solo se observan en unos pocos grupos, mientras que los sulfuros y algunos óxidos se han identificado exclusivamente en procariotas (Handore et al, 2021).

Este proceso se puede clasificar en:

1)   Mineralización inducida biológicamente (BIM, del inglés Biologically Induced Mineralization), donde los minerales se forman extracelularmente como resultado de la actividad metabólica del MO.

2)   Mineralización biológicamente controlada (BCM, del inglés Biologically Controlled Mineralization), los minerales se forman dentro de las matrices orgánicas y el MO puede regular extra, inter o intracelularmente el crecimiento de los mismos.

3)   Mineralización influenciada o mediada biológicamente (BMM, del inglés Biologically Mediated Mineralization), donde la presencia de materia orgánica en la superficie celular influye en la formación, morfología y composición del mineral.

En el primer grupo está el uso de microorganismos (MO) no patógenos como "agentes restauradores" en compuestos a base de cemento como una alternativa prometedora. La BIM está ampliamente extendida entre los diversos Phyla del dominio Bacteria, tanto en ambientes óxicos, anóxicos e interfase óxica-anóxica. Se produce también en algunas eucariotas, hongos y algas, y animales, pero en éstos últimos es menos frecuente si lo comparamos con los procariotas. Específicamente, la capacidad de inducir la precipitación microbiológica del $CaCO_3$, conocida como MICP (Microbially Induced Calcium Carbonate Precipitation, por sus siglas en inglés) a partir de distintos MO presenta un potencial innovador para mejorar la durabilidad y la resistencia del hormigón y reducir la dependencia a materiales sintéticos y productos químicos nocivos, minimizando los impactos que estos producen (Zhang et al, 2023).

El descubrimiento de la técnica de MICP se remonta a los años 90 cuando en París un grupo de estudio buscó demostrar que las bacterias eran capaces de precipitar calcita sobre superficies dañadas de piedra caliza. En su comienzo se buscaba utilizar esta técnica aplicándola en la restauración de patrimonio cultural (Ortega-Villamagua et al, 2022). Durante los siguientes años se pudo demostrar que existe una gran variedad de géneros y especies bacterianas capaces de utilizar en este campo de aplicación como lo son *Pseudomonas, Bacillus, Vibrio, Streptomyces, Pantoea, Cupriavidus, Myxobacteria* y *Halobacillus, entre* otros (Soffritti et al, 2019).

La MICP es un proceso complejo en el que pueden participar una gran variedad de MO, que desencadenan una serie de vías bioquímicas y metabólicas pudiendo ocurrir teóricamente, tanto por BCM como por BIM. Pero la mayoría de la bibliografía se centra en ésta última ya que la formación del mineral ocurre de forma extracelular, siendo las más utilizadas las bacterias ureolíticas, ya que tienen la capacidad de inducir la precipitación de $CaCO_3$. Estas bacterias utilizan la enzima ureasa para catalizar la hidrólisis de la urea

(CON_2H_4) en CO_2 y amoniaco (NH_3), lo que resulta en un aumento del pH en el medio y la subsiguiente precipitación de CaCO3. Este proceso, conocido como nucleación heterogénea, ocurre cuando el $CaCO_3$ excretado actúa como núcleo de cristalización en las paredes, membranas bacterianas o restos celulares. Esto sucede cuando se alcanza un nivel de sobresaturación, donde la cantidad de iones de calcio y carbonatos disponibles supera la capacidad de disolución del agua, llevando a la sobresaturación del sistema. A medida que la concentración de iones aumenta se facilita la formación de cristales en la pared celular induciendo así la mineralización (Gebru et al, 2021) (Fig. 1). La MICP puede ser clasificada como pasiva o activa, ocurriendo en el primer caso una unión inespecífica de cationes y al reclutamiento de aniones en solución, lo que resulta en una nucleación y crecimiento del mineral en la superficie. La mineralización activa, es dependiente de la actividad redox en los iones metálicos producto de actividades metabólicas que forman minerales en las superficies bacterianas.

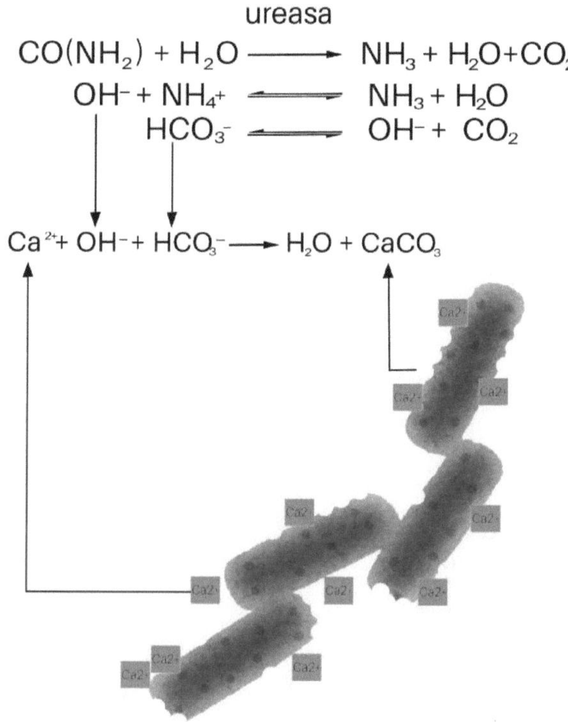

Fig.1: Proceso de mineralización inducida biológicamente de $CaCO_3$.

El proceso de precipitación de $CaCO_3$ está regulado por una interacción compleja entre factores químicos y biológicos. Los principales factores químicos incluyen la concentración de iones de calcio, el pH y la disponibilidad de sitios de nucleación. Por otro lado, los factores biológicos, como el tipo de MO, los nutrientes y la concentración de carbono inorgánico disuelto (CID) producido por la bacteria, son cruciales para su supervivencia en ambientes hostiles como el proporcionado por el cemento (Gebru et al, 2021). El calcio juega un papel fundamental al influir en la concentración de iones carbonato para que se genere el estado de saturación del sistema, pudiendo provenir del medio ambiente o de nutrientes agregados. La concentración de CID está influenciada por la temperatura y la presión parcial de CO_2, ya que forma complejos con los iones de calcio, reduciendo la saturación de $CaCO_3$ y mejorando la precipitación de calcita. El pH es determinante en la actividad bioquímica y la supervivencia de los MO. También es crítico ya que el $CaCO_3$ tiende a precipitar a altos niveles de pH en lugar de disolverse debido a que el metabolismo microbiano aumenta la alcalinidad, lo que desplaza el equilibrio hacia la precipitación de cristales (Muller et al, 2022). Los MO pueden ser sitios de nucleación *per ser*, debido a la carga negativa en su superficie, lo que permite la acumulación de iones calcio y carbonato en sus membranas y paredes celulares, promoviendo la formación de carbonato de calcio en ellas. En las bacterias Gram positivas, la carga negativa proviene de los grupos carboxilo o fosfato en los ácidos teicoicos y lipoteicoicos, mientras que en las bacterias Gram negativas, esta carga se debe a los fosfolípidos y lipopolisacáridos presentes en la membrana. La fuerte afinidad electrostática para atraer cationes divalentes, permite la acumulación de iones calcio en la superficie de la pared celular, logrando un estado de sobresaturación de iones de calcio que luego se une a los iones carbonato dando como resultado la formación de $CaCO_3$ en la pared celular, sin embargo, también pueden ser controlados a partir de la formulación de los morteros y hormigones. (Muller et al., 2022).

En cuanto a los MO, se pueden clasificar en diferentes grupos según sus mecanismos metabólicos. Los fotosintéticos, asociados a cianobacterias, que remueven el CO_2 de la capa de agua adyacente a la célula, alterando el microambiente por el aumento del pH. Esto ocasiona un desequilibrio del ácido carbónico (H_2CO_3), llevando a la producción de $CaCO_3$ en presencia de iones calcio. Los MO, como *Bacillus pseudofirmus* y *Bacillus cohnii*, emplean ácidos orgánicos en la conversión metabólica de compuestos orgánicos (sal de ácido orgánico) en $CaCO_3$ por la oxidación aeróbica con generación de CO_2, resultando en la producción de $CaCO_3$ en un un ambiente alcalino (Addenan et al., 2023). Las bacterias reductoras de sulfato, son responsables de la reducción de sulfato como aceptor terminal de electrones, están involucradas en la mineralización de materia orgánica en condiciones de anaerobiosis (Paul et al. 2017). Finalmente, las bacterias involucradas en el ciclo del nitrógeno, especialmente las bacterias ureolíticas son particularmente prometedoras para la precipitación de carbonatos, utilizando la hidrólisis de urea como ruta metabólica principal (Naveed et al., 2020).

La incorporación de nutrientes, como fuentes de carbono, nitrógeno o calcio, también influye en la precipitación inducida por microorganismos. En conjunto, estos factores contribuyen a la capacidad de auto-reparación de los materiales y están estrechamente ligados a la viabilidad a largo plazo en condiciones ambientales desfavorables para el desarrollo microbiano.

Como se desprende de lo mencionado anteriormente la MICP es un proceso que es altamente influenciado por la interacción entre los MO y su entorno por lo cual es sumamente importante comprender las diferentes vías bioquímicas y metabólicas involucradas en el proceso, las cinéticas de crecimiento, así como también los requerimientos nutricionales y ambientales, y los mecanismos de supervivencia de las bacterias ureolíticas.

El género *Bacillus* se caracteriza por tener esta propiedad de formar endosporas que le permite sobrevivir en entornos adversos. Esta capacidad es beneficiosa en este contexto, ya que las endosporas pueden resistir condiciones extremas como altas temperaturas, falta de nutrientes y exposición a productos químicos (Akindahunsi et al, 2021). Además de su resistencia, este género también tiene la capacidad de extraer energía a partir de la oxidación de compuestos orgánicos siendo sus principales vías metabólicas la del lactato de calcio $Ca(C_6H_{10}O_6)$ y la del acetato de calcio $Ca(C_4H_6O_4)$ (Muller et al, 2022). Estas vías metabólicas les permiten utilizar compuestos orgánicos como fuentes de carbono y energía para su crecimiento y metabolismo.

<u>Ecuaciones bioquímicas involucradas a partir de la oxidación del $Ca(C_6H_{10}O_6)$ para la formación de $CaCO_3$:</u>

$$CaC_6H_{10}O_6 + 6\ O_2 \rightarrow CaCO_3 + 5\ CO_2 + 5\ H_2O$$

$$5\ CO_2 + 5\ Ca(OH)_2 \rightarrow 5\ CaCO_3 + 5\ H_2O$$

$$Ca(C_4H_6O_4) + 4\ O_2 \rightarrow CaCO_3 + 3\ CO_2 + 3\ H_2O$$

$$3\ CO_2 + 3\ Ca(OH)_2 \rightarrow 3\ CaCO_3 + 3\ H_2O$$

La primera ecuación muestra la oxidación del $Ca(C_6H_{10}O_6)$ en presencia de oxígeno (O_2) para producir $CaCO_3$, CO_2 y agua (H_2O). La segunda, como el CO_2 producido en la primera ecuación reacciona con el $Ca(OH)_2$ presente en las típicas mezclas de hormigón para formar $CaCO_3$ y H_2O. La tercera representa la oxidación del $Ca(C_4H_6O_4)$ en presencia de O_2 para producir $CaCO_3$, CO_2 y H_2O y la última, como el CO_2 producido e reacciona con el $Ca(OH)_2$ para formar $CaCO_3$ y H_2O (Fig. 2). Cómo se puede observar, nutrientes con contenido de calcio son necesarios para que la bacteria pueda realizar la MICP pudiendo utilizar lactato de calcio, nitrato de calcio, cloruro de calcio y acetato de calcio, entre otros (Muller et al, 2022).

Los cristales de $CaCO_3$ producidos por la MICP se pueden dividir en distintos polimorfos. Estos incluyen la calcita, vaterita y aragonita junto a las fases cristalinas hidratadas como monohidro calcita e ikaita, así como diversas fases de carbonato de calcio amorfo (ACC, por sus siglas en inglés) las cuales cuentan con diferencias significativas en su estabilidad termodinámica y propiedades físicas (Seifan & Berenjian, 2018). La formación de los cristales mencionados puede verse influenciadas por la pared celular bacteriana, su contenido de polisacáridos extracelulares (EPS), la composición del medio de cultivo, la actividad metabólica bacteriana, etc. El caso más recurrente en la MICP es la precipitación de la vaterita aunque también en ciertas condiciones puede evolucionar a calcita, pudiéndose encontrar también ACC (Seifan & Berenjian, 2018).

Se observó que la vaterita tiende a formarse a niveles bajos de pH, mientras que la calcita es más prevalente a niveles más altos de pH. La adición de diferentes condiciones también puede influir en la morfología de los cristales, con la utilización de ácido favoreciendo la formación de calcita. El cloruro de calcio induce predominantemente la precipitación de vaterita (Wen et al, 2019).

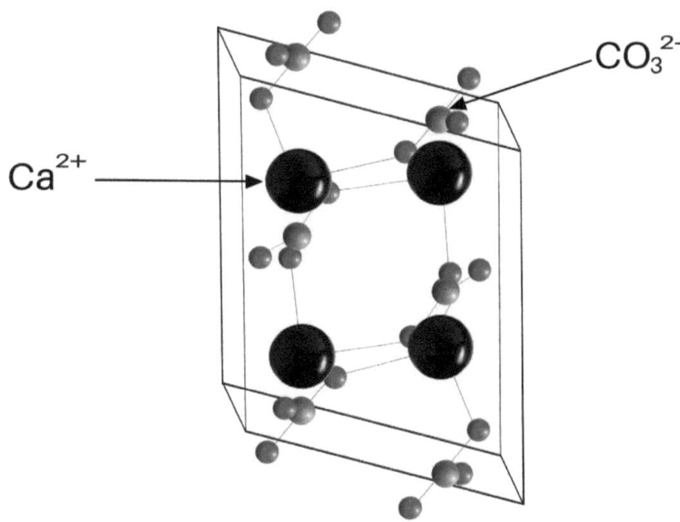

Fig. 2: Estructura cristalina del $CaCO_3$.

Capítulo 6

Lysinibacillus sphaericus: un microorganismo prometedor en la precipitación de carbonato de calcio inducida microbiológicamente

Lysinibacillus sphaericus, anteriormente conocido como *Bacillus sphaericus*, experimentó un cambio de género debido a su composición distintiva de alto contenido de lisina, alanina, ácido aspártico y ácido glutámico en su peptidoglicano en la pared celular, así como a análisis filogenéticos y fisiológicos. Es un bacilo Gram positivo, que en ocasiones se observa como Gram variable, aerobio estricto, no patógeno, de bajo contenido en Guanina+Citocina, que produce elevados niveles de ureasa. Una característica distintiva es su capacidad para formar esporas esféricas que se localizan terminalmente en esporangios deformados (Fig. 3). Además, este bacilo tiene una limitada capacidad para utilizar varios azúcares, como glucosa, xilosa, galactosa, manosa, fructosa, sacarosa, lactosa y sorbitol, como fuentes de carbono y energía. *L. sphaericus* es catalasa y oxidasa positiva, no produce sulfuro de hidrógeno (H_2S) ni indol, y es negativo para la reducción de nitrato a nitrito y para la actividad de la enzima galactosidasa. Estas características contribuyen a definir y distinguir a esta especie dentro del género *Lysinibacillus* (Hernandez-Santana et al., 2016; Allievi et al., 2014).

En la última década, ha surgido como un MO de interés debido a su notable versatilidad. Se destaca la capacidad para producir una variedad de metabolitos secundarios con propiedades biológicas significativas. Uno de sus usos más destacados se basa en la aplicación para producir bioplaguicidas efectivos contra larvas de mosquitos transmisores de enfermedades como el dengue y la malaria (Peña-Montenegro et al, 2015). También puede ser aplicada en la biorremediación de suelos contaminados, la promoción del crecimiento vegetal y el control de patógenos en la agricultura (Nusrat et Shimizu, 2021).

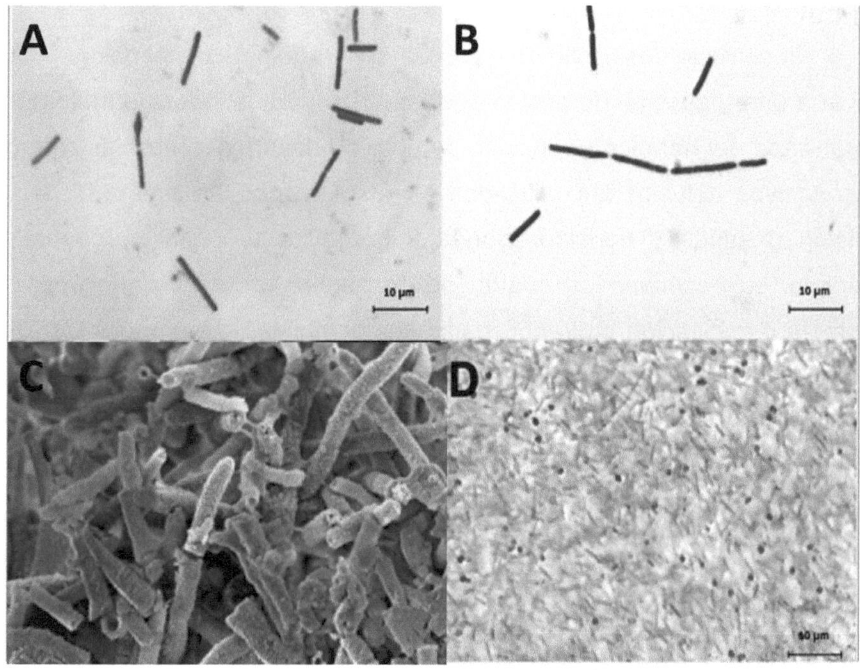

Fig. 3: A y B) Tinción de Gram de *Lysinibacillus sphaericus* Magnificación 1000x. C) Microscopía Electrónica de Barrido (SEM) y D) Esporas de *L. sphaericus* con coloración de Wirtz. Escala 10 μm. Magnificación 1000x

L. sphaericus es una de las especies microbianas más estudiadas y utilizadas en la tecnología de la MICP. Su capacidad para precipitar $CaCO_3$ ofrece un gran potencial en la reparación de fisuras en estructuras de base cementicia, fenómeno llamado biocementación (Zhang et al, 2023). Al tener una gran eficacia en la formación de este mineral y tener la capacidad de adaptarse a distintas condiciones ambientales, ofrece una alternativa a problemas del campo de la ingeniería ambiental-civil. Es por esto que puede funcionar eficientemente en entornos con fluctuaciones de pH y altas concentraciones de iones metálicos haciendo que su uso pueda darse en distintos contextos de construcción y rehabilitación de infraestructuras (Marcondes et al, 2021).

Un correcto desarrollo de esta nueva herramienta biotecnológica puede llevar a una reducción de costos a largo plazo para la industria mejorando la durabilidad del hormigón e incluso se podrían desarrollar mezclas sinérgicas con aditivos actualmente utilizados en el mercado. Sin embargo, también existen desafíos y consideraciones importantes a tener en cuenta. Por ejemplo, es necesario un control preciso sobre las condiciones para una correcta precipitación y ofrecer resultados confiables y reproducibles (Zhang et al, 2023). Otros puntos que deben ser tenidos en cuenta para una mejora del proceso es adaptar la complejidad del proceso a condiciones industriales para optimizar los tiempos de reparación que pudieran llevarse a cabo una vez introducidas en la matriz cementicia (Mokhtar et al, 2021). Teniendo en cuenta que se trata de material biológico se debe buscar su aplicación en condiciones que no sean extremas para el desarrollo su ciclo de la vida, ya que estas pueden llevar a la inactividad del MO.

Otro punto importante es analizar el control de la distribución del $CaCO_3$ ya que la producción de ácidos en ciertas partes de la mezcla puede llevar a la degradación del material cementicio, así como un aumento del pH en cercanía del acero de un hormigón armado puede favorecer el proceso de corrosión del mismo generando un potencial impacto en la resistencia y durabilidad del mismo (Green, 2020). La actividad de la biocementación también va a depender de la capacidad de las bacterias para moverse libremente, ya sea por inyección a través del espacio poroso o por contacto partícula-partícula, permitiendo auto-reparar las fisuras desde el interior, dando como resultado la homogeneidad de los materiales tratados, o desde el exterior, sellando superficies fragmentadas y exfoliadas por agentes medioambientales y antropogénicos. Estas condiciones requieren una relación equilibrada entre el tamaño microbiano y el poro entre las partículas de arena produciendo una capa de $CaCO_3$ que protege la pieza deteriorada contra la absorción de agua y consolidar su estructura interna, pudiendo utilizarse potencialmente para prevenir o incluso revertir el deterioro de las superficies, bioconservándolas (Xu, J. M., et al, 2014). Sin embargo, la acción del proceso de MICP en el hormigón a edades tempranas sigue siendo un abordaje de gran potencial, dado que podría mejorarse la microestructura del material mediante la disminución de la porosidad o en la auto-reparación de las microfisuras que surgen en el proceso de fraguado y endurecimiento, incrementando la durabilidad (Pise et al., 2021).

El establecimiento y cumplimiento de los parámetros definidos por las normativas y reglamentos técnicos (nacionales e internacionales) juegan un papel fundamental en la industria del hormigón, particularmente en aplicaciones como la MICP. Estas normas proporcionan un marco regulatorio que garantiza la calidad y la seguridad en el uso de materiales y procesos en la construcción de estructuras de hormigón. En el contexto de la MICP, el cumplimiento de los límites establecidos por la normativa se convierte en un desafío crucial para asegurar la viabilidad y eficacia del proceso de autoreparación del hormigón. En este sentido resulta importante establecer el equilibrio entre los requisitos que deben cumplir los materiales componentes del hormigón y los requerimientos para favorecer la MICP (Zhang et al., 2023).

Por ejemplo, es necesario mantener los niveles de residuo sólido dentro de los límites permitidos es una cuestión principal a tener en cuenta, ya que altas concentraciones pueden inhibir la actividad bacteriana necesaria para la precipitación de $CaCO_3$. Esto plantea un conflicto en términos de garantizar la calidad del agua de amasado sin comprometer la efectividad del proceso de MICP. Además, el control del pH del agua de amasado es crucial para el éxito de la MICP, pero debe estar siempre en el rango de pH permitido por normativa para ser empleado como componente del hormigón. Mantener el pH dentro de los rangos permitidos implica un desafío continuo, ya que cualquier desviación puede afectar significativamente la capacidad de las bacterias para inducir la precipitación de $CaCO_3$. El cumplimiento de los límites de sulfato y cloruro también es esencial para evitar la inhibición de la MICP mientras se mantienen los mínimos establecidos para garantizar la durabilidad del hormigón. Sin embargo, lograr estos objetivos puede resultar desafiante debido a la variabilidad de las fuentes de agua y la necesidad de implementar técnicas de tratamiento adecuadas. Con respecto al hierro y los álcalis, su presencia en el agua de amasado puede afectar negativamente la efectividad del proceso de MICP y ser corrosivo para el hormigón. Esto plantea un desafío adicional en términos de seleccionar cuidadosamente los materiales y aditivos utilizados en la producción de hormigón para minimizar la introducción de estos elementos (Wei et al., 2023).

Como se mencionó anteriormente, en los últimos años se ha descrito una nueva herramienta biotecnología de reparación alternativa con el uso de MO no patógenos como "agentes biorestauradores" para mejorar superficies que han sido fragmentadas y exfoliadas por su interacción con los agentes agresivos, físicos, químicos y biológicos, del medio ambiente que las rodea. La MICP tiene gran potencial como herramienta para la restauración alternativa de estructuras de hormigón, pero queda mucha información por dilucidar sobre la sobrevida de los MO en el ambiente hostil que le proporciona el cemento, siendo necesario profundizar el estudio. Por esta razón, el estudio de los MO y las condiciones óptimas de crecimiento y sobrevida es de gran interés como posible herramienta biotecnológica para la reparación alternativa tendientes a mejorar la conservación y/o restauración de estructuras de hormigón de interés patrimonial, científico y técnico, siendo necesario un enfoque de trabajo de distintas áreas de la ciencia y la tecnología planteado en forma multidisciplinaria, integrando conceptos de la microbiología, la ingeniería ambiental y civil, la química y la geología, para encontrar soluciones innovadoras y sostenibles a los desafíos complejos que se enfrentan en la actualidad (Iqbal et al., 2021).

Capítulo 7

Bibliografía

Addenan NA, Ngalimat MS, Rahman RNZRA, et al. Evaluation of Calcium Carbonate Precipitation by *Bacillus spp.* Isolated from Stingless Bee Products. Sains Malaysiana. 2023;52(6):1723-1735. doi:10.17576/jsm-2023-5206-09.

Adnyana IMdm, Utomo B, Eljatin DS, Sudaryati NLg. One Health approach and zoonotic diseases in Indonesia: Urgency of implementation and challenges. *Narra J. 2023;3(3).* doi:10.52225/narra.v3i3.257.

Afkhami B, Akbarian B, Beheshti A, Kakaee AH, Shabani B. Energy consumption assessment in a cement production plant. *Sustainable Energy Technologies And Assessments.* 2015;10:84-89. doi:10.1016/j.seta.2015.03.003.

Agrawala, S. Context and Early Origins of the Intergovernmental Panel on Climate Change. *Climatic Change.* 1998. ; 39, 605–620. https://doi.org/10.1023/A:1005315532386.

Akindahunsi AA, Adeyemo SM, Adeoye A. The use of bacteria (*Bacillus subtilis*) in improving the mechanical properties of concrete. *Journal Of Building Pathology And Rehabilitation.* 2021;6(1). doi:10.1007/s41024-021-00112-7.

Alemu D, Demiss W, Korsa G. Bacterial Performance in Crack Healing and its Role in Creating Sustainable Construction. *International Journal Of Microbiology.* 2022;2022:1-10. doi:10.1155/2022/6907314.

Allievi MC, Palomino MM, Acosta MP, Lanati L, Ruzal SM, Sánchez-Rivas C. Contribution of S-Layer Proteins to the Mosquitocidal Activity of

Lysinibacillus sphaericus. *PloS One*. 2014;9(10):e111114. doi:10.1371/journal.pone.0111114.

Amran M, Murali G, Khalid NHA, et al. Slag uses in making an ecofriendly and sustainable concrete: A review. *Construction & Building Materials*. 2021;272:121942. doi:10.1016/j.conbuildmat.2020.121942.

Anderson TR, Hawkins E, Jones PD. CO2, the greenhouse effect and global warming: from the pioneering work of Arrhenius and Callendar to today's Earth System Models. *Endeavour*. 2016;40(3):178-187. doi:10.1016/j.endeavour.2016.07.002.

Andrew RM. Global CO_2 emissions from cement production, 1928–2018. *Earth System Science Data*. 2019;11(4):1675-1710. doi:10.5194/essd-11-1675-2019.

Askar MK, Al-Kamaki YSS, Ferhadi R, Majeed HK. Cracks in concrete structures causes and treatments: A Review. *Maǧallaẗ Ǧāmiʿaẗ Duhūk*. 2023;26(2):148-165. doi:10.26682/csjuod.2023.26.2.16.

Bisulandu BJRM, Huchet F. Rotary kiln process: An overview of physical mechanisms, models and applications. *Applied Thermal Engineering*. 2023;221:119637. doi:10.1016/j.applthermaleng.2022.119637.

Bojanovský J, Máša V, Hudák I, Skryja P, Hopjan J. Rotary Kiln, a unit on the border of the process and energy industry—current state and perspectives. *sustainability*. 2022;14(21):13903. doi:10.3390/su142113903.

Cordoba G., Paulo C. I., Irassar E. F. Metodología para la evaluación del impacto ambiental del hormigón elaborado aplicado a la región metropolitana de Buenos Aires,» Revista Hormigón, 2023, vol. 64.

de Rooij, M., Van Tittelboom, K., De Belie, N., & Schlangen, E. (Eds.). *Self-healing phenomena in cement-based materials: State-of-the-art report of RILEM technical committee 221-SHC: Self-healing phenomena in cement-based materials.* 2013. https://doi.org/10.1007/978-94-007-6624-2.

Fleming JR. Joseph Fourier, the 'greenhouse effect', and the quest for a universal theory of terrestrial temperatures. *Endeavour.* 1999;23(2):72-75. doi:10.1016/s0160-9327(99)01210-7.

Gartner EM, Sui T. Alternative cement clinkers. *Cement And Concrete Research.* 2018;114:27-39. doi:10.1016/j.cemconres.2017.02.002.

Gebru KA, Kidanemariam TG, Gebretinsae HK. Bio-cement production using microbially induced calcite precipitation (MICP) method: A review. *Chemical Engineering Science.* 2021;238:116610. doi:10.1016/j.ces.2021.116610.

Gentry MC, Jacobi AM. Heat transfer enhancement by delta-wing vortex generators on a flat plate: Vortex interactions with the boundary layer. *Experimental Thermal And Fluid Science.* 1997;14(3):231-242. doi:10.1016/s0894-1777(96)00067-2.

Griffiths S, Sovacool BK, Del Rio DF, et al. Decarbonizing the cement and concrete industry: A systematic review of socio-technical systems, technological innovations, and policy options. *Renewable & Sustainable Energy Reviews.* 2023;180:113291. doi:10.1016/j.rser.2023.113291.

Handore AV, Khandelwal SR, Karmakar R, Jagtap AS, Handore DV. Bioconcrete: The Promising Prospect for Green Construction. *Springer eBooks.* 2021; 567-584. doi:10.1007/978-3-030-76073-1_29.

Hernández-Santana A, Gómez-Garzón C, Dussán J. Complete Genome Sequence of *Lysinibacillus sphaericus* WHO Reference Strain 2362. *Genome Announcements*. 2016;4(3). doi:10.1128/genomea.00545-16.

IPCC, 2014: Climate Change 2014: Synthesis Report. Contribution of Working Groups I, II and III to the Fifth Assessment Report of the Intergovernmental Panel on Climate Change [Core Writing Team, R.K. Pachauri and L.A. Meyer (eds.)]. IPCC, Geneva, Switzerland, 151 pp.

IPCC, 2019: Summary for Policymakers. In: Climate Change and Land: an IPCC special report on climate change, desertification, land degradation, sustainable land management, food security, and greenhouse gas fluxes in terrestrial ecosystems [P.R. Shukla, J. Skea, E. Calvo Buendia, V. Masson-Delmotte, H.- O. Pörtner, D. C. Roberts, P. Zhai, R. Slade, S. Connors, R. van Diemen, M. Ferrat, E. Haughey, S. Luz, S. Neogi, M. Pathak, J. Petzold, J. Portugal Pereira, P. Vyas, E. Huntley, K. Kissick, M. Belkacemi, J. Malley, (eds.)]. https://doi.org/10.1017/9781009157988.001.

IPCC, 2021: Climate Change 2021: The Physical Science Basis. Contribution of Working Group I to the Sixth Assessment Report of the Intergovernmental Panel on Climate Change [Masson-Delmotte, V., P. Zhai, A. Pirani, S.L. Connors, C. Péan, S. Berger, N. Caud, Y. Chen, L. Goldfarb, M.I. Gomis, M. Huang, K. Leitzell, E. Lonnoy, J.B.R. Matthews, T.K. Maycock, T. Waterfield, O. Yelekçi, R. Yu, and B. Zhou (eds.)]. *Cambridge University Press*, Cambridge, United Kingdom and New York, NY, USA, 2391 pp. doi:10.1017/9781009157896.

Iqbal DM, Wong LS, Kong SY. Bio-Cementation in Construction Materials: A Review. *Materials*. 2021;14(9):2175. doi:10.3390/ma14092175.

Kahawalage AC, Melaeen MC, Tokheim LA. Opportunities and challenges of using SRF as an alternative fuel in the cement industry. *Cleaner Waste Systems*. 2023;4:100072. doi:10.1016/j.clwas.2022.100072.

Kayondo M, Combrinck R, Boshoff WP. State-of-the-art review on plastic cracking of concrete. *Construction & Building Materials*. 2019;225:886-899. doi:10.1016/j.conbuildmat.2019.07.197.

Laanaiya M, Bouibes A, Zaoui A. Understanding why Alite is responsible of the main mechanical characteristics in Portland cement. *Cement And Concrete Research*. 2019;126:105916. doi:10.1016/j.cemconres.2019.105916.

Li J., Zhang W., Li C. Montei P. J. M., Green concrete containing diatomaceous earth and limestone: Workability, mechanical properties, and life-cycle assessment, *Journal of Cleaner Production*, 2019 223, pp. 662-679,

Madlool NA, Saidur R, Hossain M, Rahim NA. A critical review on energy use and savings in the cement industries. *Renewable & Sustainable Energy Reviews*. 2011;15(4):2042-2060. doi:10.1016/j.rser.2011.01.005.

Marcondes, Carlos Gustavo Nastari et al. *Lysinibacillus sphaericus* as a self-healing agent for cement-based materials: a preliminary investigation, *International Journal of Development Research*. 2021; 11 (02): 44195-44200. doi:10.37118/ijdr.21078.02.2021.

Meng Q, Zhu J, Wang T. Numerical Prediction of Long-Term Deformation for Prestressed Concrete Bridges under Random Heavy Traffic Loads. *Journal Of Bridge Engineering*. 2019;24(11). doi:10.1061/(asce)be.1943-5592.0001489.

Mohamad N, Muthusamy K, Embong R, Kusbiantoro A, Hashim MH. Environmental impact of cement production and Solutions: A review.

Materials Today: Proceedings. 2022;48:741-746. doi:10.1016/j.matpr.2021.02.212.

Muller V, Pacheco F, Carvalho CM, et al. Analysis of cementitious matrices self-healing with bacillus bacteria. *Revista IBRACON de Estruturas E Materiais.* 2022;15(4). doi:10.1590/s1983-41952022000400004.

Naveed M, Duan J, Uddin S, Suleman M, Hui Y, Li H. Application of microbially induced calcium carbonate precipitation with urea hydrolysis to improve the mechanical properties of soil. *Ecological Engineering.* 2020;153:105885. doi:10.1016/j.ecoleng.2020.105885.

Nusrat A, Shimizu M. *Lysinibacillus* Species: Their Potential as Effective Bioremediation, Biostimulant, and Biocontrol Agents. *Reviews In Agricultural Science.* 2021;9(0):103-116. doi:10.7831/ras.9.0_103.

Ortega-Villamagua E, Arcos M, Romero M, Mora CAV, Palma-Cando A. Precipitación de carbonatos inducida microbiológicamente como potencial estrategia en la restauración de estructuras patrimoniales. *Ge-conservación.* 2022;21(1):224-234. doi:10.37558/gec.v21i1.1119.

Paul VG, Wronkiewicz DJ, Mormile MR. Impact of elevated CO_2 concentrations on carbonate mineral precipitation ability of sulfate-reducing bacteria and implications for CO_2 sequestration. *Applied Geochemistry.* 2017;78:250-271. doi:10.1016/j.apgeochem.2017.01.010.

Pise N, Meshram T, Doijad Y, et al. A Brief Study on Causes of Cracks, Prevention and Pattern of Cracks on Concrete. *International Journal Of Scientific Research In Science, Engineering And Technology.* junio 2021:439-443. doi:10.32628/ijsrset2183194.

Schuur EAG, McGuire AD, Schädel C, et al. Climate change and the permafrost carbon feedback. *Nature.* 2015;520(7546):171-179. doi:10.1038/nature14338.

Seifan, M., & Berenjian, A. (2018). Application of microbially induced calcium carbonate precipitation in designing bio self-healing concrete. *World Journal Of Microbiology And Biotechnology,* 34(11). https://doi.org/10.1007/s11274-018-2552-2.

Soffritti I, D'Accolti M, Lanzoni L, et al. The Potential Use of Microorganisms as Restorative Agents: An Update. *Sustainability.* 2019;11(14):3853. doi:10.3390/su11143853.

Sohail MG, Wang B, Jain A, et al. Advancements in Concrete Mix Designs: High-Performance and Ultrahigh-Performance Concretes from 1970 to 2016. *Journal Of Materials In Civil Engineering.* 2018;30(3). doi:10.1061/(asce)mt.1943-5533.0002144.

Sun L, Pang X, Ghabezloo S, Wang H, Sun J. Hydration kinetics and strength retrogression mechanism of silica-cement systems in the temperature range of 110 °C–200 °C. *Cement And Concrete Research.* 2023;167:107120. doi:10.1016/j.cemconres.2023.107120.

Tayebani B, Said A, Memari AM. Less carbon producing sustainable concrete from environmental and performance perspectives: A review. *Construction & Building Materials.* 2023;404:133234. doi:10.1016/j.conbuildmat.2023.133234.

Triantafyllou GG, Rousakis T, Karabinis AI. Analytical assessment of the bearing capacity of RC beams with corroded steel bars beyond concrete cover cracking. *Composites Part B, Engineering.* 2017;119:132-140. doi:10.1016/j.compositesb.2017.03.036.

Van Belleghem, P. Van den Heede, K. Van Tittelboom y N. De Belie, «Quantification of the Service Life Extension and Environmental Benefit of Chloride Exposed Self-Healing Concrete,» *Materials,* vol. 10, n° 1, 2017.

UN Environment, Scrivener K. L., John V. M. Gartner E. M. Eco-efficient cements: Potential economically viable solutions for a low-CO2 cement-based materials industry, Cement and Concrete Research, 2018. 114, pp. 2-26.

Wang, J. J. Wang Y. F., Sun Y. W. Tingley D. D. Life cycle sustainability assessment of fly ash concrete structures, *Renewable and Sustainable Energy Reviews*, 2017 80, pp. 1162-1174.

Wang R, Zhang Q, Li Y. Deterioration of concrete under the coupling effects of freeze–thaw cycles and other actions: A review. *Construction & Building Materials*. 2022;319:126045. doi:10.1016/j.conbuildmat.2021.126045.

Wei H, Fan Y, Du H, Liang R, Wang X. Regulation of Calcium Source and Addition Method for MICP in Repairing High-Temperature Concrete Damage. *Applied Sciences*. 2023;13(9):5528. doi:10.3390/app13095528.

Wen K, Yang L, Amini F, Li L. Impact of bacteria and urease concentration on precipitation kinetics and crystal morphology of calcium carbonate. *Acta Geotechnica*. 2019;15(1):17-27. doi:10.1007/s11440-019-00899-3.

Yoro KO, Daramola MO. CO2 emission sources, greenhouse gases, and the global warming effect. En: *Elsevier eBooks*. ; 2020:3-28. doi:10.1016/b978-0-12-819657-1.00001-3.

Zhang K, Tang CS, Jiang NJ, et al. Microbial-induced carbonate precipitation (MICP) technology: a review on the fundamentals and engineering applications. *Environmental Earth Sciences*. 2023;82(9). doi:10.1007/s12665-023-10899-y.

Buy your books fast and straightforward online - at one of world's fastest growing online book stores! Environmentally sound due to Print-on-Demand technologies.

Buy your books online at
www.morebooks.shop

¡Compre sus libros rápido y directo en internet, en una de las librerías en línea con mayor crecimiento en el mundo! Producción que protege el medio ambiente a través de las tecnologías de impresión bajo demanda.

Compre sus libros online en
www.morebooks.shop

Printed by Books on Demand GmbH, Norderstedt / Germany